专业发型造型教程

中级篇

张 蓬 编著

人民邮电出版社

北 京

图书在版编目（CIP）数据

专业发型造型教程. 中级篇 / 张蓬 编著. -- 北京：
人民邮电出版社，2019.2
ISBN 978-7-115-47784-2

Ⅰ. ①专… Ⅱ. ①张… Ⅲ. ①发型－设计－教材
Ⅳ. ①TS974.21

中国版本图书馆CIP数据核字(2018)第010908号

内 容 提 要

本书是专门针对专业造型师的发型设计教程，本书在入门篇的基础上难度升级，书中由浅入深逐步扩展造型设计，详细图解了固定造型技术、马尾技术与固定造型技术结合造型、不对称造型、简单摩登造型等共7大类近40种造型。

本书适合美发培训学校师生、职业学校师生、美发师、化妆师、造型师阅读。

◆ 编　著　张　蓬
责任编辑　李天骄
责任印制　周昇亮

◆ 人民邮电出版社出版发行　　北京市丰台区成寿寺路 11 号
邮编 100164　电子邮件 315@ptpress.com.cn
网址 http://www.ptpress.com.cn
北京市雅迪彩色印刷有限公司印刷

◆ 开本：787×1092　1/16
印张：12.5　　　　　　　　2019 年 2 月第 1 版
字数：650 千字　　　　　　2019 年 2 月北京第 1 次印刷

定价：89.00 元

读者服务热线：(010)81055296　印装质量热线：(010)81055316
反盗版热线：(010)81055315
广告经营许可证：京东工商广登字 20170147 号

目录

第一章 编发基础

第二章　用固定技术做出的设计

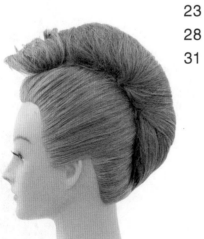

第三章　扎马尾技术和固定技术相结合的造型

编发基础

　　设计制作各类发型之前，首先要对用到的工具进行确认。制作各种美丽的发型，需要拉直头发、改变头发原有形态、整理头发走向等，准备工作是不可或缺的。

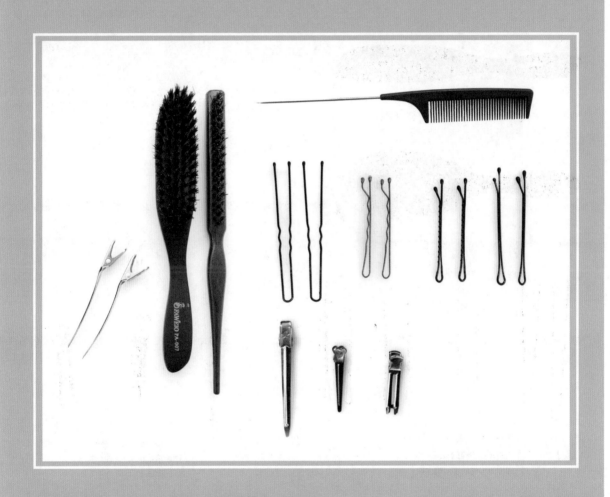

1.1基本工具

设计制作发型时必要的工具

尖尾梳

用于取发片、梳理发束、反方向梳头发使之蓬起来等各种各样的目的。梳子的尺寸不同，使用的效果也不同。最小的梳子用于编结，因为拿在手中的时候梳子末端不会成为妨碍物，所以适合细微的工作。

S形梳

鬃毛较多且长，能够充分地梳到发束的内侧。在最初的阶段梳理发束、整理头发的走向时使用。

气垫梳

吹风和需要梳出头发光泽时使用，整理发卷的走向时也经常使用。

发夹

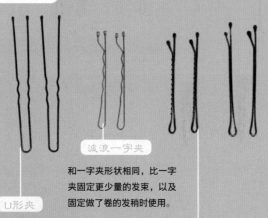

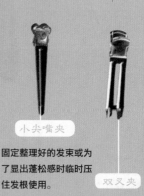

波浪一字夹

和一字夹形状相同，比一字夹固定更少量的发束，以及固定做了卷的发稍时使用。

U形夹

能将大量的发束夹住，但是由于在没有基础的地方很难固定，所以要制作出头发的基础后再进行固定。

简约一字夹

闭口的夹子，既能用于发稍，又能和头发融合而不显眼。

大尖嘴夹

如图所示选择夹子内侧没有防滑齿的类型。制作由曲面构成的发型时，能够在表面不留痕迹地固定发束。

小尖嘴夹

固定整理好的发束或为了显出蓬松感时临时压住发根使用。

双叉夹

可以将头发好好压住，以及要使头发立起来时使用。

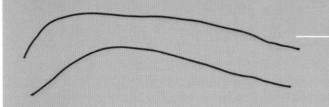

橡皮筋

扎一股辫或集中头发时使用，不是圆圈的使用更加方便，长度在25~26厘米的比较好用。

1.2 扎马尾的基本技术

扎马尾可以说是一种非常重要的技术。本书主要学习通过扎马尾技术设计出富有变化的组合造型。

马尾的基本介绍

马尾的各部分名称

马尾有很多种类型，能做出多种多样的设计。首先来介绍马尾的基本构成。

根
面向扎点拉伸头发，使马尾的基础更牢固。在使用发髻技术的时候，经常用卡子将根部别上，以更好地固定。

扎点
将用皮筋扎起来的部分作为底部（基础）的起点。

一束
扎起来的头发，既能卷起来对底部进行支撑，又能表现出面的质感和卷发的质感。

小贴士
马尾的个数由扎点来决定，1个扎点为1个马尾，2个扎点为2个马尾，以此累计。

扎橡皮筋的基本技术

头发根部

1. 确定根部的位置，用力拉伸出一束头发。
2. 然后用橡皮筋在根部进行缠绕。
3. 注意缠橡皮筋的时候，头发不要移位。先缠一圈。
4. 再缠1圈。
5. 第3圈的位置要比第2圈往里（即靠近根部）。
6. 缠3圈后，打1个结。
7. 第1个结打完。再打一个结。
8. 打结结束。

侧面

背面

侧面

本书的基本技术解说

1.3主要的连接类型

　　根据不同的设计，连接的类型也有很多种，最容易记住的也是运用最广泛的。这里介绍本书中使用的几种连接类型。

头顶处单马尾
扎点设在黄金点，是上升造型中使用比较多的一种类型。

后脑单马尾
与头顶处的马尾相比，重点稍微下降，扎点设在后脑点。

上下三马尾
和上下双马尾一样，在将设计重点分成三部分时使用。

连接马尾
一个马尾和另一个马尾相连接，一般在需要更大的底部基础或者需要形成较大的面时使用。

1.4固定的基本技术

固定技术, 和生活中黏合剂的作用是一样的, 是将扎好的马尾排列好、使一种构造和另一种构造相结合的技术, 也是上升造型所必须的基本技术。

平行固定

顺着表面的发流, 按住表面头发的同时, 插入小发卡。

1　卡子要插入到接近头皮的位置, 插入第1个波浪夹, 找到第1个卡子的固定位置。

2　插入第2个波浪夹。

3

4　第2个卡子的固定位置。

5　第3个波浪夹的插入位置。

6　平行地插入第4个卡子。

7　卡子插入完毕。

小贴士

一直从一个方向插入卡子的话, 头发一直向这个方向流动, 如果最后从反向插入一个卡子, 则会使头发恢复自然的平衡状态。

根据平行固定用假发制作发髻的方法

1　将卡子整理平行。

2　将假发安装到平行固定处。

3　在假发和平行固定的头发之间插入波浪夹。

4　从反向侧也插入波浪夹进行固定。

5　然后用头发向上覆盖假发。

6　用波浪夹固定住头发。

7　最后从反向侧插入卡子。

拧式固定

用波浪夹进行固定的拧式固定

1

将头发向上拉起。

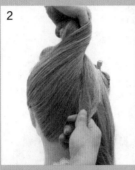

2

翻转手腕。

3

将发束拧住。

4

在拧着的部分插入波浪夹。

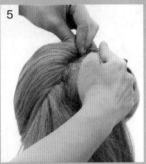

5

将卡子往里插。

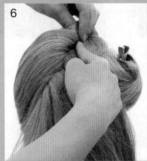

6

深度接近头皮。

7

拧式固定完成。

用 U 形夹做成的拧式固定

插入方法和波浪夹一样。对已经固定好的头发进行再次固定时，或者固定发量较多的头发时使用U形夹。

1

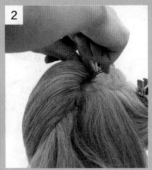

2

3

对头发进行强力固定时使用的拧式固定

将头发拧成卷状或蜗牛状时使用。

1

将U形夹插入发束。

2

使卡子从一边贯穿到另一边。

3

将卡子露出的部分折弯。

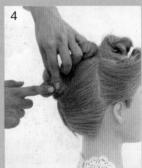

4

将2根都折弯，固定好。

交叉固定

U 形夹 3 个

发量多的时候，或者想固定得十分稳固时使用。

1

插入第1个U形夹。

2

从相反侧将U形夹咬合插入。

3

第3个U形夹从前两个波浪夹交叉点的上面垂直插入，插入后在距离头皮较远的地方再横向插入。

4

交叉固定完成的情况。

U 形夹 2 个

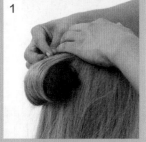

1

插入第1个U形夹。

2

第2个U形夹从反向插入。

3

一直插入到中间。

4

交叉固定完成的情况。

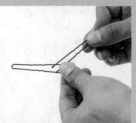

卡子在发髻中的状态

U 形夹和波浪夹并用

1

2

3

4

1. 插入U形夹。

2. 为了阻止头发散逸，从相反侧向中间插入波浪夹。

3. 插入到里面。

4. 完成固定的状态。

卡子中间的状态

第二章

用固定技术做出的设计

与马尾技术并列的是固定技术。
类型1介绍的是用固定技术做出的上升造型。

　　本章将讲解如何在一个单马尾的基础上,通过打散、旋转、固定等技术,从而变换各种不一样的发型。

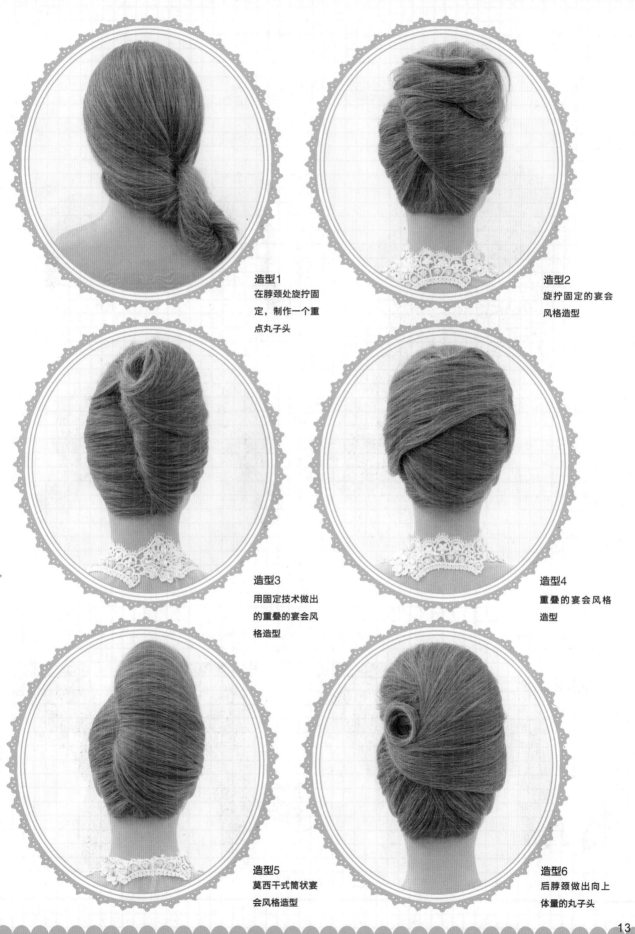

造型1
在脖颈处旋拧固
定，制作一个重
点丸子头

造型2
旋拧固定的宴会
风格造型

造型3
用固定技术做出
的重叠的宴会风
格造型

造型4
重叠的宴会风格
造型

造型5
莫西干式筒状宴
会风格造型

造型6
后脖颈做出向上
体量的丸子头

在脖颈处旋拧固定，制作一个重点丸子头。

正面　　　　半侧面

侧面　　　　背面

编发过程

用梳子将头发的后侧、两边都梳顺，并向后拉伸，一边梳理一边整理成一束。

2

将发束绑成一束后继续梳理，并旋拧成一束。

3

旋拧发束的同时向后拉伸发辫。

4

发辫旋拧到结尾处之后，向上旋拧一周。

5

将发辫旋拧成一个发圈，并将发尾从旋拧后的发圈中掏出。

6

发梢用波浪夹固定。

脖颈处丸子头制作完成。

造型2

旋拧固定的宴会风格造型

正面

侧面

半侧面

背面

编发过程

1

用梳子将头发后侧和两边都先梳顺。

2

将头发整理成一束，向右拉伸。

3

用手抓住发辫，并用S形梳梳理发辫。

16

一只手握住发束的同时，另一只手也握住发束向上拧一下。　　一边拧发束，一边慢慢整理。

  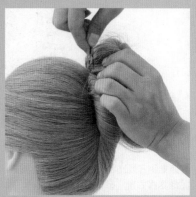

将拧好的头发向上放置。　　在拧好的发束和下面头发的交界处，用波浪夹进行固定。

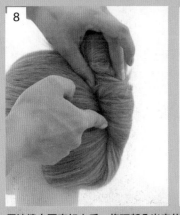 

用波浪夹固定好之后，将顶部凸出来的头发打散。

固定完的状态。

造型3

用固定技术做出的重叠的宴会风格造型

正面　　　　　　侧面

半侧面　　　　　　背面

编发过程

1

2

将头顶分出的头发向后拉伸，并用尖尾梳梳顺。

3

将头顶的一束头发抓起，并梳顺其他的头发。将发梢回转一下后，用大发夹固定。

4

将头发分成"之"字形分界线，将侧发区的头发拉出。

5

一只手抓住侧发区的头发向后拉伸，另一只手用尖尾梳逆向梳理出倒立的头发。

6

7

将两侧的头发整合成一束，向右流动覆盖，并用尖尾梳将表面整理好。

将一侧头发逆向梳理后的状态。

后脑中心位置用波浪夹平行固定。

固定后，将右侧的头发向左流动覆盖，用梳子将表面整理好。

用波浪夹平行固定后的完成图。

梳理完后整理成一束。

将梳理过的头发向后拉伸，用S形梳梳理整齐，并逐渐整理成一束。

一只手抓住整个发束，另一只手捏住发束向后脑区中间位置捻到一起。

14

发束捻到一起后将发梢向内卷入。用波浪夹将捻到一起的发束和下面的头发固定起来。

15

继续用波浪夹固定卷入的头发，调整卷起发束的造型。

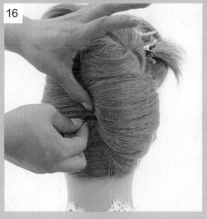

16

将重叠的部分用U形夹固定。在后面插入发夹。

17

前面准备固定的头发，在发束背面进行逆向梳理出倒立的毛发。将表面整理好并拉伸，旋拧发梢。

21

将前面的头发向后梳理，并向中间整理成一束，用鱼嘴夹固定。

顶部的头发卷曲造型。

和后面造型重叠的位置，将发梢塞进去，用U形夹固定好。

造型4

重叠的宴会风格造型

正面　　　　侧面

侧面　　　　背面

编发过程

1

取头顶一束头发进行梳理。

2

将顶发区的头发分成两束，分别旋拧。

3

将这2根发束编成绳辫。

23

将编好的绳辫在顶发区盘好。

将发梢旋拧固定。

螺旋状的基座做好了。

将后脑区的头发分为左右两部分，左边的进行逆向梳理。

右边的也同样逆向梳理。

在步骤4中做好的基座上面，放置假发卷。

假发卷周围进行固定。

11

后颈左侧的头发进行梳理，向上同时覆盖假发卷。

12

将发梢捻到一起，用波浪夹固定在发根处。

13

右侧的发束和左侧一样，用梳子将发丝梳理通顺。

14

一边梳理一边向左覆盖住假发，将发梢捻到一起，用波浪夹旋拧固定。

15

将两侧和前面的头发逆向梳理出倒立的毛发。

16

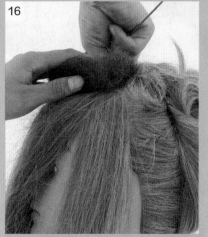

在前面放置假发卷，两侧用波浪夹固定。

17

将左前方头发向后梳。

18

前面的头发和左侧的头发衔接后，用波浪夹固定。

19

前面的头发向后旋拧固定。

右侧的头发梳理开，向上覆盖假发卷。

将发束捻成筒状卷，固定好。

左侧发束同样捻成筒状卷覆盖假发卷，固定好。

造型5

莫西干式筒状宴会风格造型

正面　　　　　　侧面

半侧面　　　　　　背面

编发过程

1 从正中线将头发分成左右两部分。

2 后脖颈处的头发逆向梳理出倒立的毛发。

3 左侧发区的头发逆向梳理。

4

后脖颈处的头发用梳子整理好，向右侧梳理。

5

从正中线稍稍偏右一点的地方，从下向上用波浪夹平行固定；平行固定后，从反侧插入阻止发夹。

6

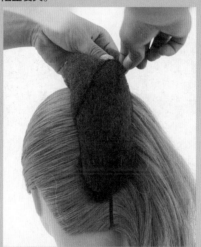
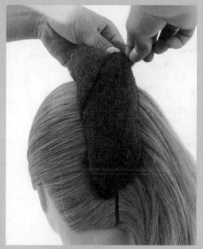

如图，做一个和图中一样的假发卷，假发卷较细的一侧向下，用波浪夹固定在平行固定的发夹上面，将假发卷沿着莫西干线用波浪夹进行固定。

7

后颈右侧的发束向左梳理，覆盖假发卷。

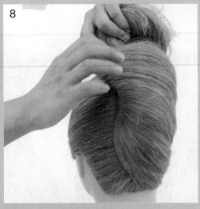

将发梢卷进去。

用波浪夹将卷进去的发束和假发缝合固定。

向上推进缝合固定。

在最后缝合固定的地方，从反方向插入阻止发夹。

莫西干部分缝合完的状态。

前端发梢部分，拉出来做筒状卷。

卷好后用U形夹固定。

后脖颈做出向上体量的丸子头

正面　　　　　　侧面

侧面　　　　　　背面

编发过程

1

将前额区的头发梳理后用夹子固定在头侧。

2

取头顶发区的一束头发进行梳理。

4

3

发束梳理后拧转固定在头顶。

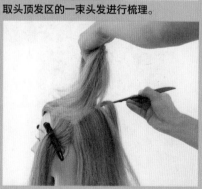

头发各部分固定好的侧视图。

头顶区下面取出横向的发片，逆向梳理。 将发束向中间用手指夹住，向下用梳子梳理。

在手指夹住的地方，将发束向上卷起。

卷起来的发束用波浪夹旋拧固定，作为后面制作造型的基座。

9

将后脖颈处左侧发束逆向梳理出倒立的毛发。

10

11

发束表面用梳子整理好，边向上拉伸边卷起发梢。

卷起的发束覆盖在上面的基座上，用波浪夹固定。

12

用同样的步骤，将后颈右侧的发束也固定在基座上，用波浪夹旋拧固定。

左侧发区的发束逆向梳理。

发束表面用梳子整理，一边整理一边向后拉伸。

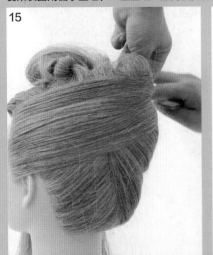 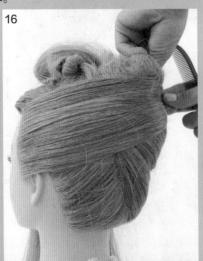 

将发梢捻到一起。 将发梢旋拧固定在基座上。

17

用同样的手法，将右侧发区的发束逆向梳理后也同样旋拧固定在基座上。

18

顶部的发束逆向梳理出倒立的毛发。

19

将假发卷放置在有倒立的毛发的位置，用波浪夹固定。

21

20

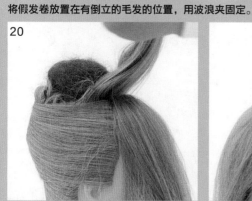 

顶部的发束用梳子梳理，覆盖假发卷。

覆盖后的发束分成左右两部分，用大夹子预固定。

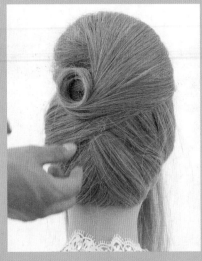

将分开的左侧的发束，围绕基座卷绕一周。　卷绕后的发束的侧面用U形夹预固定。

将右侧的发束用梳子梳理后围　在丸子左下方用U形夹旋拧固定。将前面的头发向后拉伸，用梳　沿着顶部的丸子梳理，将发束
绕基座向左拉伸。　　　　　　　　　　　　　　　　　　子梳理好。　　　　　　　　　卷成筒状卷。

发梢用U形夹旋拧固定。

第三章

扎马尾技术和固定技术相结合的造型

本章介绍的是单马尾、双马尾连接组成造型的基础部分、并在此基础上利用固定技术做出的上升造型。

本章将讲解如何在一个单马尾、双马尾连接组成造型的基础上，通过打散、旋转、固定等技术，从而做出上升造型。

造型7
双向固定的蓬松发型

造型8
一个发束做出的重叠的大轮廓造型

造型9
以一个发束为基础做出的纵向筒状卷和发辫造型

造型10
以两个发束为基础做出的横向筒状卷和发辫造型

造型7

双向固定的蓬松发型

正面　　　　　　侧面

半侧面　　　　　　背面

编发过程

1

将头顶发束梳理后拧转固定在头顶。

2

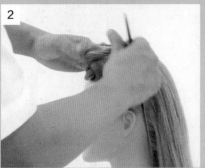

把左右侧发区发束卷成竖卷后分别固定在头侧。

3

头发两侧固定好的侧视图。

4

梳理剩余头发，用尖尾梳尾部分出头顶发区紧靠后的发束进行梳理。

5

6

用橡皮筋固定发根，并卷成发卷固定在头顶。

发束定位后视图。

7

后颈左侧的发束逆向梳理出倒立的毛发。

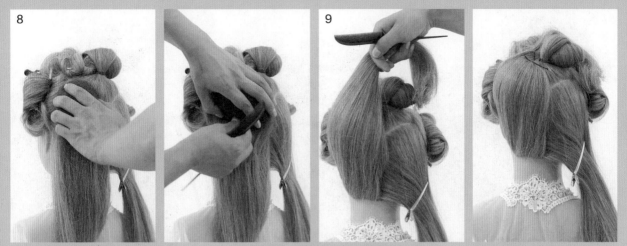

将假发卷放在发束根部，假发卷中间和下面用波浪夹固定（→至覆盖假发卷后将发束捻到一起，用波浪夹固定。步骤17）。

后颈右侧的发束逆向梳理出倒立的毛发。

将假发卷放在发束根部附近，用波浪夹从上向下固定。

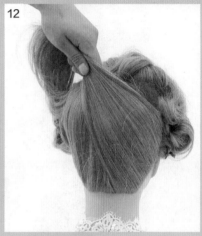

将右侧发束的表面整理好，向上覆盖假发卷。

将发梢捻到一起，用波浪夹固定。

左侧发区的发束逆向梳理。

发束根部的头发逆向立起来。

逆向梳理后的头发状态。

将假发卷放在毛发立起的地方，假发卷前端用波浪夹固定。

18

左侧发区和前面的发束用梳子整理好，向上覆盖假发卷。

19

覆盖后将发束整合到一起，将发梢捻到一起用波浪夹旋拧固定。

将右侧发区的发束向后拉伸，用梳子整理好。将发梢捻到一起，做成筒状卷，将筒状卷用U形夹固定。用U形夹旋拧固定。

取U形夹沿发卷四周分别进行固定。一边固定一边整理造型。

一个发束做出的重叠的大轮廓造型

正面

侧面

侧面

背面

编发过程

1

梳理额前刘海区的头发。

2

在头顶稍稍偏右一点的位置，将头发扎成一束。

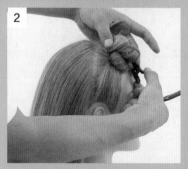

3

发束定位右侧视图。

4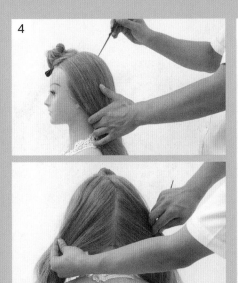

将脑后头发分成两份，用橡皮筋固定左半部分的发束。

5

发束定位左侧视图。

6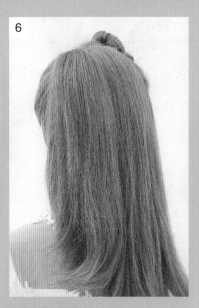

发束定位后视图。

7

将后颈处右侧的发束逆向梳理。

8

从后颈上方正中线偏右一点的地方取一片纵向的发片，逆向梳理。

9

沿着正中线放置假发卷，从上下插入波浪夹固定。

10

假发卷固定好以后，梳理后颈处右侧的发束。

11

将发束表面整理好，向上覆盖假发卷。

14

固定后的状态。

12

大概覆盖假发卷的下半部分，然后将头发捻到一起。

13

捻到一起的部分用波浪夹缝合固定。

15

右边侧发区取一个纵向发片用尖尾梳进行逆向梳理。

16

在头顶放上一个假发卷并用波浪夹固定。

将步骤15中的发片覆盖假发卷的上部，拉向相反侧进行固定。

用余下的发梢继续缠绕用波浪夹固定。　　用手指轻轻拉扯发束，使其覆盖住假发卷。

将步骤1中的发片，向后覆盖假发卷。

将覆盖的头发卷入假发卷的下面进行固定。

将发梢回转成筒状，用波浪夹旋拧固定。

然后将右侧一部分头发取出，向左上方拉伸，卷成一个发髻。

将卷好的发束向右后方拉伸，用波浪夹固定。

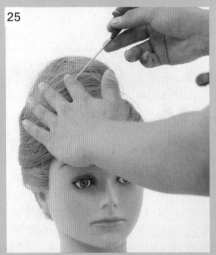

用尖尾梳整理表面发丝，附着在表面。

26

最后用手指轻轻拉散发丝，调整造型。

造型9

以一个发束为基础做出的纵向筒状卷和发辫造型

正面   侧面

侧面   背面

编发过程

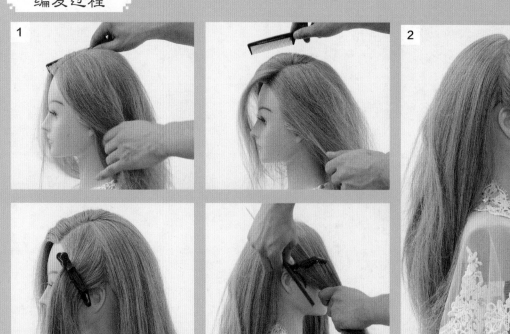

1

用尖尾梳梳理头发，分别用发夹固定左右侧分区的发束。

2

固定后的发束侧视图。

取头顶发区的一束头发梳理后用橡皮筋进行固定。

将头顶发束卷成发卷后用夹子固定在头顶，剩余发束在脑后分为两部分再用鸭嘴夹固定。 从后面看发束的定位。

将后颈左侧的发束逆向梳理。 梳理后的发束向右上方拉伸，发片上下用波浪夹固定。

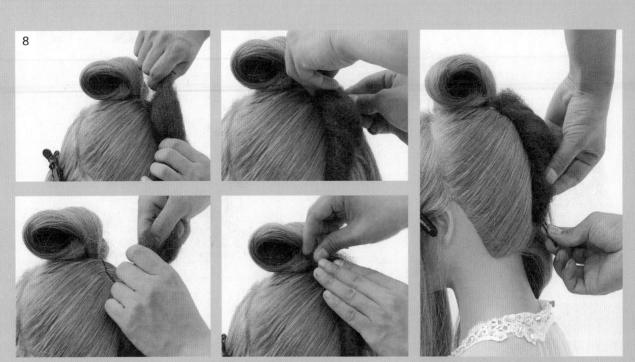

8

取假发卷，放置在固定发束的地方，从上向下用波浪夹固定。

9

10

将后颈右侧的发束表面整理好，向上卷裹假发，然后将发束的中间部分捻到一起。

11

留出发梢，捻到一起的部分用波浪夹平行固定。

将发梢部分分成两束,做出绳辫。

编好的绳辫用波浪夹旋拧固定。

将前面左侧的发束梳理一下,用尖尾梳的尾部为起点卷起发束。

在尖尾梳的尾处将发束从内向外卷起。

将卷进尖尾梳尾部的头发旋拧。

17

留出发梢（→至步骤24），旋拧的部分用波浪夹固定。

18

前面右侧头顶处的头发也同样进行梳理，用尖尾梳的尾部为起点卷起发束。

19

在尖尾梳的尾部将发束从外向内卷起。

20

将发梢留出来（→至步骤25），旋拧的部分用波浪夹固定。

21

将头顶处的马尾用梳子梳理。

22

整理发束的同时，做成筒状卷。

23

为了不让筒状卷的形状崩塌，用U形夹进行预固定。

24

将步骤12中剩余的发梢用手指打散。

25

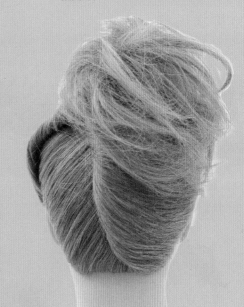

将步骤15中固定的发梢用手指打散。

以两个发束为基础做出的横向筒状卷和发辫造型

正面　　　侧面

侧面　　　背面

编发过程

1

梳理前额发区的发束，进行拧转固定。

2

3

同样的手法将左侧发区的发束进行拧转固定在头侧；取头顶一束发束进行梳理，用橡皮筋在发根处缠绕固定。

发束定位侧视图。

将后颈处的头发逆向梳理出倒立的毛发。

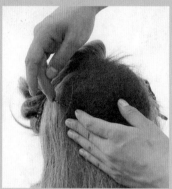

将假发卷放置在后脑上方位置，两侧用波浪夹固定。

将后颈处的发束向上覆盖假发卷，覆盖后剩余部分整合好，用橡皮筋绑好。

扎点的上边用尖尾梳的尾部旋拧一下。

留出发梢（→至步骤15），将拧着的部分旋拧固定。

然后左侧的发束用尖尾梳的尾部从内向外卷。

留出发梢（→至步骤15），沿头顶上方一边拉伸一边用发夹固定。

将拧着的部分放置于第2个发束的根部，旋拧固定。

右侧的发束也用尖尾梳的尾部从外向内卷。

留出发梢（→至步骤15），将发束拧着的部分在第2个发束的根部旋拧固定。

将前面的头发向右边拉出，沿着鬓角由外向内卷。

留出发梢（→至步骤15），将发束拧着的部分在第2个发束的根部旋拧固定。

取假发卷，卷入头顶的马尾。

用波浪夹将假发卷两侧固定。

18

将步骤6、步骤8、步骤10、步骤12的发梢部分，分别用手指做成卷。

19

插入U形夹，支撑起发卷。

第四章

不对称类别1

使用连接和固定的基本技术,在相同的基础上做出展开的变化设计。

造型11
顶部重叠发卷的造型

造型12
将顶发区的丸子头破坏掉重新进行重叠组合的造型

造型13
顶部丸子头重叠组合的造型

造型14
头顶区筒状丸子头重叠组合造型

造型15
头顶处竖向的筒
状丸子头

造型16
将头顶的卷打散
的发型

造型17
头顶区的8字拐
弯造型

造型11

顶部重叠发卷的造型

正面 侧面

半侧面 背面

编发过程

1

用尖尾梳梳理发丝，将左右侧发区的发束分别用夹子固定在脑侧。

2

取头顶一束头发用橡皮筋固定好。

3

从侧面看各发束的定位。

4

将后面的头发，逆向梳理，使发根处立起来。

5 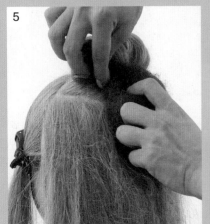  **6**

将假发卷放在发根周围，用波浪夹缝合固定。

7

后面的头发整合到一起，用梳子整理表面。

64

将尖尾梳的尾部放在发束上，为折返发束定位。

利用尖尾梳的尾部旋拧发束。

将拧好的发束用波浪夹固定。

残留的发梢部分卷成筒状卷。

为了使发卷收缩，用波浪夹固定。

刘海用梳子梳理一下，向后方拉伸，用手指旋拧。

将拧着的地方旋拧固定。

将左侧发区发束向后拉伸，用手指旋拧。

将拧着的地方用波浪夹固定。

右侧发区也同样将发束向后拉伸，旋拧固定。

将头顶的马尾用梳子梳理，做成卷。

将发卷在根部用波浪夹固定。

拉向左侧固定后的发束，分成2束。

其中一束做成卷，用波浪夹固定。

另一束也做成卷。

23

用波浪夹固定，造型完成。

造型12

将顶发区的丸子头破坏掉重新进行重叠组合的造型

正面　　　　　　　侧面

半侧面　　　　　　背面

编发过程

1

从侧面看各发束的定位。

2

将后面的头发，逆向梳理。

3

将假发卷用波浪夹固定在发根，后面的头发整合到一起，旋拧发束，用波浪夹固定。

4

将造型中的卷用手指打散。

5

为了整体上不被破坏掉，插入U形夹进行预固定。

6

根据发卷的形状，插入若干个U形夹。

用手指和U形夹整理发型。

整理之后用发胶固定。

造型13

顶部丸子头重叠组合的造型

正面　　　　　　　　　側面

側面　　　　　　　　　背面

编发过程

将造型12进行改造，将刘海向左后方呈圆形拉伸，发梢用波浪夹固定。

造型13

顶部丸子头重叠组合的造型

正面　　　　　　　　　側面

側面　　　　　　　　　背面

编发过程

将造型12进行改造，将刘海向左后方呈圆形拉伸，发梢用波浪夹固定。

3

将011造型进行改造，将刘海向左后方呈圆形拉伸，发梢用波浪夹固定。

4

将右侧的卷破坏掉，将发梢卷起来。

5

卷起的发梢用波浪夹固定。

6

后面的发卷也破坏掉。

7

将发梢卷起来，用波浪夹固定。

8

将马尾部分向右前方拉伸，根部用波浪夹固定。

9

取假发卷，假发卷前后用波浪夹固定。

10

取马尾的头发覆盖假发卷，发梢处拧一下，用波浪夹固定。

头顶区筒状丸子头重叠组合造型

正面　　　　　　　　　侧面

侧面　　　　　　　　　背面

编发过程

1

用尖尾梳梳理发丝，将发束分为前后两大发区。

2

将前额发区的发束用夹子拧转固定。

3

固定后的发束。

取头顶一束头发梳理并用橡皮筋进行固定。

将后脑区的头发，从发中向发根处逆向梳理。

根部放置假发卷，用波浪夹在两侧固定。

将后脑区的头发向上提拉，将表面整理好。

用尖尾梳的尾部在发束想要折返的地方定位。在定位的位置，留出发梢的同时将发束旋拧，边上升边旋拧。再将旋拧好的发束进行固定。

前面的发束，也从发中向发根逆向梳理。

将步骤5中发束固定后剩余的部分扩大成扇状。

将扩大后的发束，前面打理成毛蓬蓬的状态，立起来用波浪夹固定。

把左前方的发束，向后方拉伸，用梳子将发束表面整理好。

将发束向后拉伸，从中间汇在一起开始回转。

将发梢卷起。

卷起来的发梢用波浪夹固定。

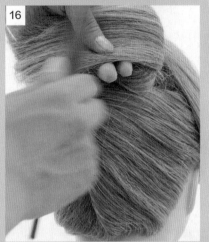

将步骤7中固定后的发束拉出，向左折回。

发梢做成卷，用波浪夹固定。

造型15

头顶处竖向的筒状丸子头

正面

侧面

侧面

背面

编发过程

发束定位侧视图。

1

2

将后脑区的头发逆向梳理，在发根处固定假发卷。

3

将后脑区的头发向上提拉，边上升边旋拧并用发夹进行固定。

4

将扩大头顶发束，用波浪夹固定。

5

把前面的发束向后拉伸固定。

6

梳理余下的发梢。

7

取发梢发束用尖尾梳尾部卷成筒状卷。

8

将拧好的发束用波浪夹固定。

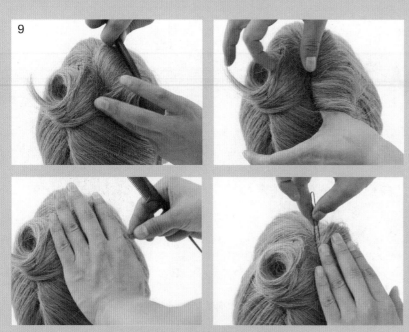

用大拇指从中间位置将剩余发束折回，卷成筒状卷，用U形夹固定。

固定后的状态。

造型16

将头顶的卷打散的发型

正面　　半侧面

侧面　　背面

编发过程

基础发束侧视图。

将后脑的头发逆向梳理，在发根处用发夹固定假发卷。

把头发向上提拉，边上升旋拧边用发夹固定。

4

扩大头顶发束，用波浪夹进行固定。

5

把额前发束向后拉伸固定在拧转发束上。

6

梳理发梢卷成筒状发卷。

7

梳理发梢卷成筒状发卷。

8

用手指对发束右侧的卷进行打散。

用手指将另一侧的发卷打散。

一边留意平衡，一边用U形夹进行预固定。

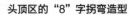

造型17

头顶区的"8"字拐弯造型

正面　　　　侧面

侧面　　　　背面

1

2

梳理头顶发束
用橡皮筋进行
固定。

3

拧转前额发束并固定。

用尖尾梳将剩余发束进行倒梳，再将假发卷固定在发根。

84

4

将后脑区的头发整理好向上提拉，边上升旋拧边进行固定。

5

将前面的发束逆向梳理，将头顶处的发束扩大成扇状，用波浪夹固定。把前方的发束，向后方拉伸，整理好后开始回转。将发梢卷起用波浪夹固定。

6

将马尾分成大小两份。

7

将较细的一束做成8字形状，中心用U形夹固定。

8

将较粗的一束一边做成8字形状，一边进行预固定。

9

中心部位用U形夹固定。

第五章
用基础技术做出的简单的摩登造型

稍微加点创意的话，就要用到现在所学的技术，在设计形式上有所挑战。

造型18
田螺发

造型19
以7个发束为基础的羽毛状上升造型

造型20
使用发网的随意卷发造型

造型21
大卷造型

田螺发

正面　　　　　　　　侧面

半侧面　　　　　　　背面

编发过程

1

取前额发区的发束进行梳理，并用橡皮筋固定。

2

用尖尾梳取沿左耳侧至右耳侧取发梳理固定。

3

将耳后发束依次梳理固定。

4

梳取脑后的一束发束用橡皮筋固定住。

将剩余发束梳理后用橡皮筋固定。

梳理其他马尾，使其自然散落在脑后。

发束定位侧视图。

取前面第1个发束，将发束拧起来。

以发根为中心，盘成田螺发。

将田螺发用波浪夹旋拧固定。

拉出第2束头发。

和第1束头发一样拧转固定。

取第3束头发拧转，将拧过的头发以根部为中心，做成田螺发，用波浪夹固定。

第4束发束按照同样的方法和步骤进行固定。

将最后的发束拧转，直至发梢。

以根部为中心，将发束做成田螺发，用波浪夹固定。

造型19

以7个发束为基础的羽毛状上升造型

正面   侧面   背面

1

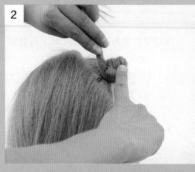

2

将发束旋拧，以手指为起点将发束卷起来。

3

避开发梢，插入装饰后旋拧固定。

沿右前方发际线取出一片头发，绑成一束。

4

发梢部分用梳子逆向梳理。

5

逆向立起来的头发用梳子梳理渲染。

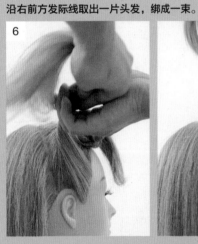

6

取第2个发束，也同样避开发梢，旋拧固定，插入发饰。

7

第3个发束进行同样的操作，
发梢部分用梳子逆向梳理，然
后用梳子整理表面。

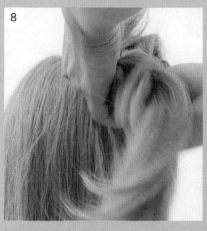

将第4束发束进行拧转并用发夹固定住。

继续选取发束进行拧转固定。

梳理剩余头发，同右侧一样从前额开始选取发束进行拧转固定。

用尖尾梳尾部选取第2束发束进行拧转固定。

12

用手指整理发卷。

13

用梳子将发梢部分逆向梳理，然后用梳子整理表面。

14

 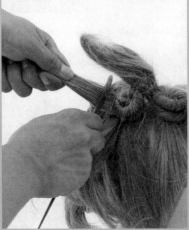 

后面的发梢都按照同样的方法来制作。

15

右侧发梢倒梳后的效果。

16

最后用发胶固定造型。

使用发网的随意卷发造型

正面　　　　　　半侧面

侧面　　　　　　背面

编发过程

从前额刘海处开始依次取用发用卷发筒做卷，直至颈后。

2

将发束卷起来，做成最基础的造型。

3

基础造型侧视图。

4

从头部上面套入发网。

5

将发网从下面到脑袋顶部进行覆盖，发网前面用波浪夹固定。

6

将U形夹前面折弯，折出一个小钩。

7

用步骤4中制作的U形夹，从网眼内将发丝勾出来。

8

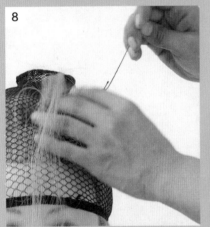  

随机地从发网内勾出头发。

9

用U形夹的头调整发束，调整出微妙的差别。

一边注意平衡，一
边用发胶固定。

造型21

大卷造型

正面

半侧面

侧面

背面

编发过程

1

将头发前额发区、左右侧发区分别用鸭嘴夹固定；把前额发树进行筒状卷制作，并用鸭嘴夹固定。

2

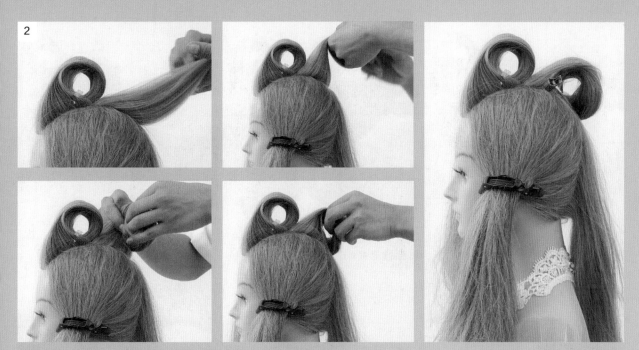

取第2束发束用手指做辅助，将发束卷成筒状后用鸭嘴夹固定住。

3

将第3束发束制作成卷筒状。

4

把那后最后一束头发重复以上操作制作出发卷。

发束定位侧视图。

将右侧的发束向后方拉伸，逆向梳理。 然后发束表面再用S形梳整理。

撇开发梢，从发束中间部分开始旋拧。

将发束从后面定位好的地方卷成绳状。

左侧的发束也同样逆向梳理，发束表面用S形梳打散。

11

将发束绕过下方向右方拉伸，然后卷成绳状。

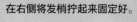

12

在右侧将发梢拧起来固定好。

13

将卷到左侧的发束，将发梢捻到一起，拧转固定。

14

取最下面未固定的发束，向外拉伸，喷上发胶。

15

用大的卷发器将发束卷起来，一直卷到发根。

16

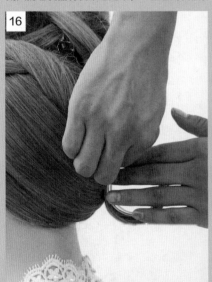

然后用鸭嘴夹预固定。

17

向上第2个发束在卷起时，用的卷发器比第1个要大一些。

第3个发束也卷成比第2个发束更大的卷。

将第4个发束卷成最大的卷。

发卷做好以后,将卷发器拿掉。

第六章

筒状发卷造型的制作技术

学会了固定的基本技术之后，可以挑战在基座上进行筒状发卷设计的上升造型，掌握优雅圆形风格的设计组合方法。

造型22
轮状造型

造型23
挑战另一轮状造型

本章将讲解如何在一个基座上，通过固定的基本技术，设计出优雅别致的造型。

造型24
后面4个发卷重叠的造型

造型25
侧发区内卷造型

造型26
后面为竖着的筒状卷的时尚设计

轮状造型

正面

侧面

背面

1

2

将前额发束向后拉伸并梳理。

发束定位侧视图。

3

将两侧的头发逆向梳理。

4

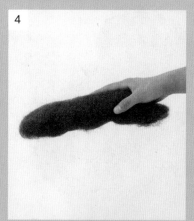

5

像图中那样，搓出一个细长的
假发卷。

将假发卷放在毛发立起的位置，从左向右用波浪夹固定。

111

6

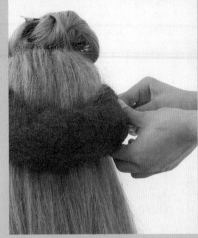

右侧也是按照步骤5安装假发卷。

7

用S形梳将发束表面梳理一下，向上覆盖假发卷。

8

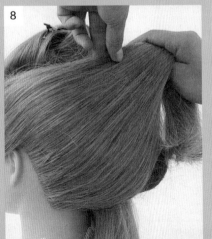

将头发捻到一起，发梢处向下向内弯折，叠入假发卷下面。

9

10

将发梢收进假发卷下面。

将收入假发卷下面的发束用波浪夹平行固定。

11

右边的发束也按照步骤7~8进行梳理拧转。

12

发梢收入假发卷后用波浪夹进行平行固定。

用尖尾梳梳理发束表面，再用波浪夹继续调整固定。

将后颈处的头发用梳子整理一下，发梢做成卷。

将收入假发卷下面的发束用波浪夹旋拧固定。

将前面的发束用梳子梳理一下。

17

向后固定，发梢做成卷。

18

发卷先用鸭嘴夹固定再替换成波浪夹固定。

挑战另一轮状造型

正面　　　　　　　　　侧面　　　　　　　　　背面

发束定位侧视图。

将脑后的头发用梳子进行逆向梳理。

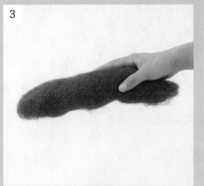

如图，制作一个细长的假发卷。

将假发卷放在发根的位置，从左向右用波浪夹固定。

用S形梳梳理发束表面，向上覆盖假发卷。

将发梢收进假发卷下面。

将收入假发卷下面的发束用波浪夹平行固定。

将顶部的头发用S形梳整理后，向后拉至后颈位置，集中起来，发梢用手指捏住。

假发卷盖住发梢，两侧用波浪夹固定。

取下面的发束，覆盖假发卷。

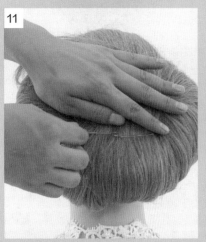

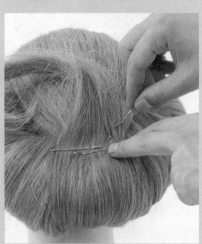

避开发梢左交叉固定。

12

做一个发卷，然后再将发卷拨开，重叠并扩大。

13

 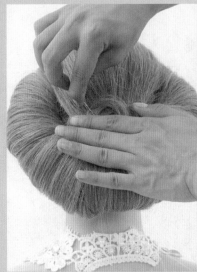 

用U形夹预固定。

14

固定后的发束效果图。

用发卷固定发卷的形状后，在拔出预固定的发夹。

后面4个发卷重叠的造型

正面　　　　　半侧面

侧面　　　　　背面

编发过程

1

梳理头发，将取头顶发束拧转固定。

2

发束定位后视图。

3

将右侧的头发逆向梳理出倒立的毛发。

4

取假发卷放在发根部位，从上向下用波浪夹固定。

5

用右侧发束覆盖假发卷。

6

将发束卷成筒状，卷进假发卷。

7

用梳子梳理发束表面碎发，将左侧发束发
夹取下头发并逆向梳理出倒立的毛发。

123

将假发束放在发根部位，从上向下用波浪夹固定。

用左侧发束覆盖假发卷。

将卷起来的发束平行固定的同时，也进行预固定。

11

将顶发区的发束分成上下两股。

12

将下面的卷入后面的发束，并固定在那后发束上。

13

用尖尾梳尾部整理发束，使其与下方发束的衔接更加自然。

14

将上面的头发用梳子整理好，用手指做成筒状卷。

15

将筒状卷放在偏左的位置。

16

将组装好的发卷拉出来。

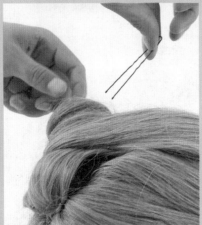

拉出来的发卷用U形夹固定。

侧发区内卷造型

正面　　　　　　　　侧面　　　　　　　　背面

1

梳理好头发，取前额发束拧转固定在前额。

2

取左右耳侧的发束分别用鸭嘴夹固定。

3

发束定位侧视图。　　　　　左侧发区的发束向上提拉，注意要有拉力。

4

边拉伸，边将发梢卷成筒状。

5

将卷成筒状的发束用波浪夹固定。

6

右侧的发束也一样，向上拉伸。

边拉伸，边将发梢卷成筒状。

将卷成筒状的发束用波浪夹平行固定。

用卷发器准备将前面的头发做成卷。

内卷，卷到发束的中间部分。

11

为了不使筒状造型被破坏，用波浪夹固定。

12

将脑后的头发分为左右两束，用卷发器内卷做成发卷。

13

把左侧发束用手指卷成筒状，为了不使筒状造型被破坏，用波浪夹固定。

将右侧发束用手指卷成筒状，用波浪夹固定。

造型26

后面为竖着的筒状卷的时尚设计

正面　　　　　　　　　　　侧面　　　　　　　　　　　背面

133

发束定位后视图。

将后面的头发和两侧的头发逆向梳理出倒立的毛发。

将发束放下来，从正中线开始用梳子梳理。

梳理后，表面用波浪夹进行平行固定。

平行固定后的样子。

在平行固定位置的上方放置假发卷，用波浪夹将假发卷上下固定。

右后方的头发，表面用S形梳整理好。

将发束拧到一起，边拧边上升。

8

将发梢旋拧，拧后的发束进行平行固定。

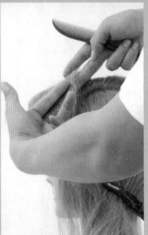

9

整理右前方发束表面。

10

将剩余的头发卷进假发卷，用波浪夹固定。

11

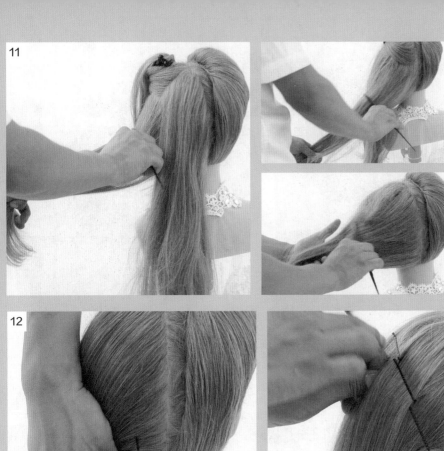

用尖尾梳对左后方的头发依次进行倒梳，再将发束表面梳理顺滑。

12

左后方的头发从下向上进行平行固定；平行固定后，从前面加入阻止卡子。

13

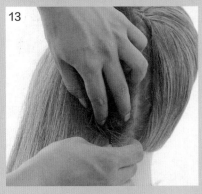
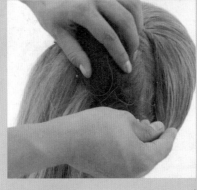

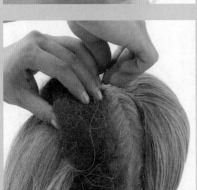

平行固定后，在上面放置假发卷；假发卷用波浪夹固定。

左后方的头发用S形刷整理表面；向上覆盖假发卷。

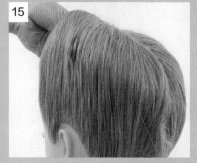

将发束边旋拧边上升。

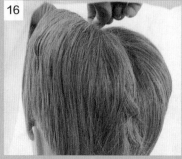

将发全部收入假发卷下面。

发梢旋拧部分用波浪夹平行固定。

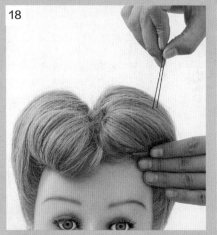

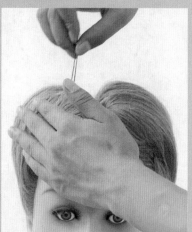

用波浪夹的一头将后面发束、前面发束相连接的部分，挑拨一下，使衔接很自然。

第七章

以一个发束为基础的
筒状丸子头

上升造型中，与发髻并列使用的标准的筒状丸子头设计，是常规造型的一种，也是使用频率很高的标准造型。

造型27
后颈处为筒状发卷的造型

造型28
后脑处设计较扁的筒状丸子头

本章将讲解如何在一个单马尾的基础上，通过倒梳打散、旋转、固定等技术，呈现出不同风格的造型。

造型29
在平坦的基础上做出的筒状卷造型

造型30
以筒状卷为基础的丸子头

造型31
后面双马尾的筒状卷造型

造型27

后颈处为筒状发卷的造型

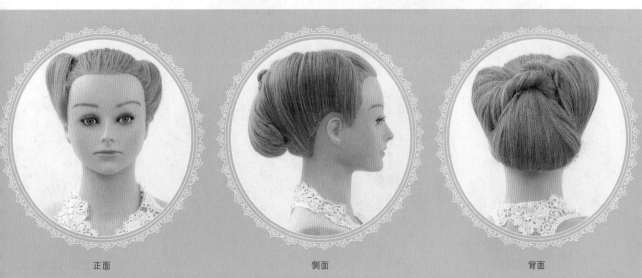

正面　　　　　　　　　侧面　　　　　　　　　背面

用梳子将头发梳顺。确定根部的位置,用力拉根部伸出的一束头发,然后用梳子梳理整齐。将头发整理成一束,向右拉伸。

将发束表面用梳子整理好,然后用橡皮筋在根部进行缠绕。注意缠橡皮筋的时候,头发不要移位,多缠几圈。　　　　　　发束定位左侧视图。

将左侧的头发逆向梳理出倒立的毛发。

5

右侧同样逆向梳理。

6

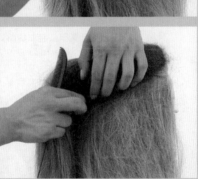

准备大小两个假发卷，将小的假发卷放在右侧毛发立起的地方，上下用波浪夹固定。

7

将右侧的头发打散，向上覆盖假发卷。

拧转固定后，用尖尾梳的尾部，整理发束表面。

发束固定后的状态。

右侧同样逆向梳理。将较大的假发卷放置毛发立起的地方，上下用波浪夹固定。

将右侧头发发梢旋拧到马尾的发根处，用波浪夹固定。

144

12

将左前方的头发打散，向上覆盖假发卷，将覆盖后的发束的发束捻到一起旋拧。

13

发束旋拧到马尾发根部，上下用波浪夹固定；将马尾向上拿起，将左右发卷的发梢整理一下。

14

将马尾向上拿起，将左右发卷的发梢整理一下，用手指将马尾内卷。

15

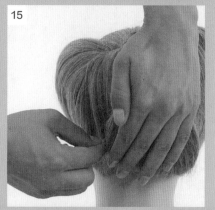  

卷后的发梢用波浪夹固定。

16

马尾根部喷发胶，并用波浪夹固定。

后脑处设计较扁的筒状丸子头

正面　　　　　　　　　侧面　　　　　　　　　背面

梳理发束，取前额头顶处的发束拧转固定在头顶处。

取左右耳侧各一束发束用鸭嘴夹固定，完成后发束的后视图。

将前面的发束向上提拉，从发梢开始进行逆向梳理，使发中到发根表现出体量感。

4

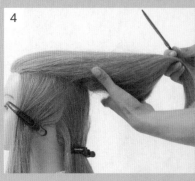

将发束表面整理后，向后在后面中心位置做平行固定，成为基座。

5

将左侧头发从内侧进行逆向梳理。

6

用S形梳整理发束表面，向后方拉伸。

将发束卷成筒状。

将步骤4中平行固定的部分附着在基座上。

右侧发区的头发也从内侧进行逆向梳理，然后整理表面。

发梢向下，用手指卷成一个小卷。

将卷好的发梢塞进左侧发束的内侧，用U形夹固定。

用梳子整理后颈处的头发的表面。

将发梢向内卷。

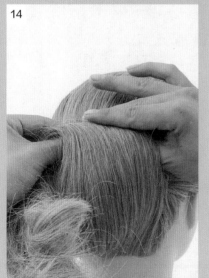

以手指为起点，将发梢卷成卷状，向前卷进去。

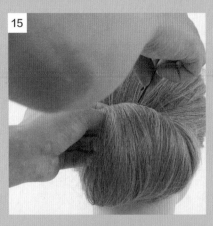  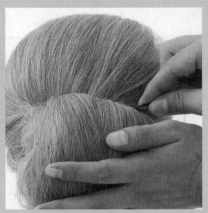

用U形夹沿发卷四周固定。

最后将发卷整理一下。

造型29

在平坦的基础上做出的筒状卷造型

正面　侧面

半侧面　背面

编发过程

1

头发整体向下梳理得很平坦，用丝带在耳上位置绑住，作为基座。

153

2

将后面的发束外卷，卷成1个筒状卷。

3

在丝带上面基座最牢固的位置，将筒状卷用波浪夹固定。

4

向右边取第2个发束也做成筒状卷。

在丝带上面的位置将筒状卷用U形夹固定。

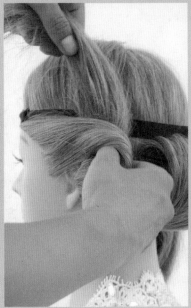

后脑区中间向左取第3个发束，撇开发梢做一个筒状卷。

沿着其他卷的表面进行设计和固定。

8

将左侧发区的发束拉向后方，做成绳辫，发梢向上拉伸，用个U形夹预固定。

9

筒状卷做好固定后，将丝带抽出。

10

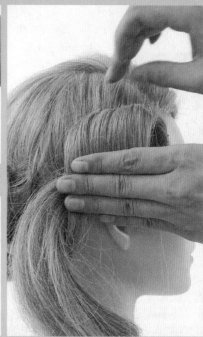

将右边侧发区的头发做成筒状卷。

11

在脸部发际线位置做成卷，用波浪夹固定。

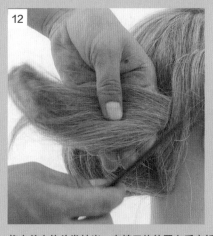  

将右前方的头发拉出，在梳子的位置向后方折返。

从发梢开始做成卷，和后脑区其他的发卷连接起来用波浪夹固定。

造型30

以筒状卷为基础的丸子头

正面　　　　　　　　侧面

侧面　　　　　　　　背面

编发过程

将头发表面部分向前放置，其余头发全部逆向梳理，从发中位置，有立起来的毛发。

158

逆向梳理后头发的状态。

将表面头发放下，梳理好。

利用逆向梳理出的体量感，在感觉可以膨胀成圆形的位置，将发束绑起，在后脑位置进行平行固定。

将平行固定后的发束，在后脑中心位置旋拧固定。

用波浪夹将假发卷固定在平行固定位置的下方。

将后脑区的头发分为左右两束，取左侧发束进行梳理。

将发束向上梳理，覆盖假发卷。

然后发束捻到一起，发梢回转，卷进发束的内侧。

将卷好的发梢塞进发束的内侧，用U形夹固定。

用梳子整理发束的表面。

左侧发束固定后的侧视图。

右侧后颈处取出发束，用梳子梳理后覆盖假发卷。

14

发梢回转，卷进发束的内侧，发梢用波浪
夹旋拧固定。

造型31

后面双马尾的筒状卷造型

正面　　　　　侧面

侧面　　　　　背面

编发过程

1

梳理头发，将左右耳侧的发束分别用鸭嘴夹固定。

发束定位侧视图。

将左侧发区的头发分成一大一小两个发束。

将大的发束用尖尾梳的尾部旋拧。

在旋拧的位置将小发束围绕旋拧点卷起来。

6

卷好后在发束表面用波浪夹固定。

7

用尖尾梳尾部将右侧发区大的发束进行拧转，再用小的发束进行缠绕。

8

用波浪夹固定卷好的发束。

使用定型喷雾定型，整理发束。

将发带围绕造型捆绑好。

将后脑区左侧的发束做成筒状卷。

用波浪夹固定发卷。

将发卷固定好以后，拿出发带。

右侧的发束也做成筒状卷，固定在左侧的发束上。

两侧夹上蝴蝶结丝带，造型完成。

第八章

不对称类别2

上升造型是在固定技术的基础上，增加带有飞跃气质的变化造型。在这里，和基座的基本型一起，对前面的不对称设计进行介绍。

造型32
晚宴风格的纵向发髻

造型33
前面外卷的筒状卷宴会造型

本章将讲解如何通过拧转、固定等技术，做出上升造型。

造型34
前面外卷的双筒状卷设计

造型35
前面发卷打散的宴会风格造型

造型36
前面内卷的宴会风格造型

造型37
莫西干发卷的宴会风格造型

晚宴风格的纵向发髻

正面　　　　　　　　　　侧面　　　　　　　　　　背面

1

2

用梳子梳理发束，取头顶的一束发束进行拧转固定。

发束定位的左后方侧视图。

3

将后脑正中线左侧的头发，逆向梳理。

4

毛发立起来的部分，用S形梳整理均匀。

5

6

放置假发卷。

将假发卷从上向下用波浪夹固定。

7

左后方的头发用S形梳整理表面，向右覆盖假发卷。

8

将发束用手指捻到一起的同时，向上卷入假发卷，拧到一起的部分用波浪夹固定。

9

将中心线左侧的头发逆向梳理。

10

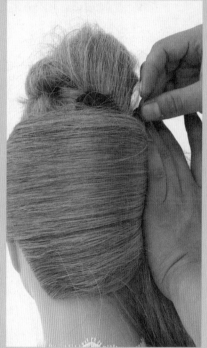

用梳子整理头发表面，将步骤8中的头发向右梳理，在假发卷右边捻到一起用波浪夹固定。

11

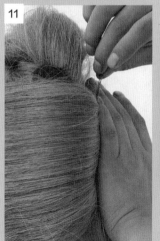

12

从下向上再次平行固定。

平行固定后的状态。

在平行固定的位置放上假发卷，从下向上用波浪夹固定假发卷。

拉出右边的头发倒梳后，用S形梳整理好头发表面。

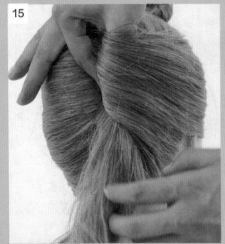

将发束向左覆盖假发卷，并捻到一起收入假发卷。

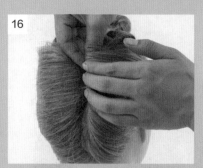

16

将发梢捻到一起用波浪夹固定。

17

将重叠的位置用波浪夹进行缝合固定。

18

从下向上推进，进行缝合固定。

19

将前面的头发整体逆向梳理。

20

发束表面轻轻地逆向梳理。

在毛发立起来的位置，放上纵向的圆形假发卷，用U形夹预固定。

用前面的头发卷裹假发卷，用丝带裹住。

将发束接近发梢处用橡皮筋进行固定后卷入丝带。

发梢处用橡皮筋捆绑固定。

在后脑区两侧重叠的位置上附着固定。

造型33

前面外卷的筒状卷宴会造型

正面

侧面

背面

178

1

2

将后脑正中线左侧的头发，逆向梳理后用S形梳整理发束表面。

发束定位的后方侧视图。

3

将卷好的假发卷放置在发根处用波浪夹进行固定。

4

将左后方的头发一边用S形梳整理表面一边向右覆盖假发卷，将发束向上卷入假发卷，用波浪夹固定。

5

6

将左侧的头发向右梳理，在假发卷右边拧转用波浪夹固定。再从下向上进行平行固定。

平行固定后的状态。

7

在平行固定的位置放上假发卷用波浪夹固定；拉出右边的头发，向左覆盖假发卷，将发梢捻到一起用波浪夹固定；再对重叠的位置从下向上推进，进行缝合固定。

8

将前面的头发分成一前一后两个发束。

9

将后面的发束向内卷成筒状卷。

将筒状卷保持和基座纵向的筒状卷大小吻合，用波浪夹固定。

将前方的发束用梳子
梳理一下。

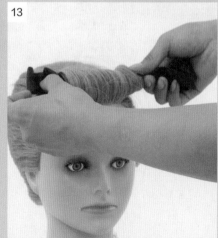

取丝带和发束放在一起。

发束外卷，将丝带卷入。

将丝带固定在发卷上。

相反侧也将丝带固定在发卷上。

造型34

前面外卷的双筒状卷设计

正面　　　　　　　　　　　　侧面　　　　　　　　　　　　背面

1

发束的定位视图。

2

将后脑正中线左侧的头发，逆向梳理。

3

将假发卷放置在发根处用波浪夹进行固定。

4

将左侧的头发向右梳理，在假发卷右边拧转，再从下向上进行平行固定。

5

在平行固定的位置放上假发卷用波浪夹固定，拉出右边的头发，向左覆盖假发卷用波浪夹固定；再对重叠的位置进行缝合固定。

6

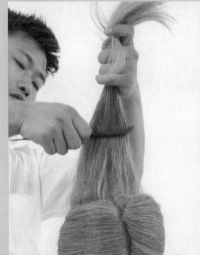

将前额的头发垂直向上拉伸，用尖尾梳进行逆向梳理。

用S形梳将立起来的毛发整理均匀。

用梳子整理发束的表面。

将发束外卷。

将筒状卷用波浪夹固定。

185

11

将筒状卷外侧部分从整个卷上剥离出来。　　用右侧插入波浪夹进行固定。

12

在两个筒状卷重叠的位置插入U形夹，固定为双筒状卷的设计。

前面发卷打散的宴会风格造型

正面   侧面   背面

基础发束视图。

将左侧的头发逆向梳理，用S形梳将立起来的毛发整理均匀。

放置假发卷，将发束向右覆盖假发卷并拧转固定；在固定的位置放上假发卷固定，拉出右边的头发，向左覆盖假发卷用波浪夹固定；再将重叠的位置进行缝合固定。

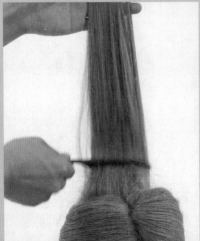

将前额的头发垂直向上拉伸，用尖尾梳进行逆向梳理。

5

将刘海向后提拉，用梳子将表面整理好，将刘海外卷成一个大的筒状卷。

6

将筒状卷向后拉伸。

7

在后脑位置，用波浪夹固定筒状卷的发梢部分。

8

用手指将发梢打散。

9

打散后发梢用U形夹预固定。

10

发束前端，用波浪夹固定好发束的发流。

11

拔出预固定的发夹。

最后调整造型。

前面内卷的宴会风格造型

正面　　　　　　　　　侧面　　　　　　　　　背面

编发过程

1

基础发束定位图。

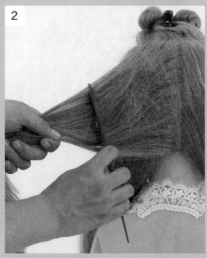

2

将后脑正中线左侧的头发，逆向梳理。

3

用S形梳整理发束表面。

4

放置假发卷，将发束向右覆盖假发卷并拧转固定；在固定的位置放上假发卷固定，拉出右边的头发，向左覆盖假发卷用波浪夹固定。

5

将重叠的位置进行缝合固定。

6

将前额的头发垂直向上拉伸，用尖尾梳进行逆向梳理。

将前面的发束分为2个发束，分别用梳子进行梳理。

取头顶处的发束用尖尾梳进行分片倒梳，倒梳后的发片放置在脑后。

用梳子整理发束表面。

10

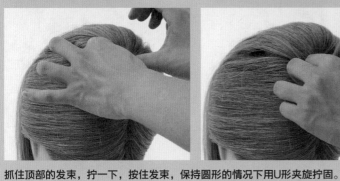

抓住顶部的发束，拧一下，按住发束，保持圆形的情况下用U形夹旋拧固。

11

发束固定后的后视图。

12

将前面的刘海梳理一下。

13

撇开发梢，用卷发器将发束内卷。

195

卷好后，在发卷的边上将发梢旋拧固定。

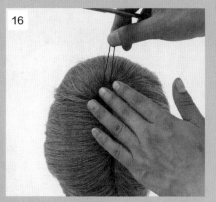

将两侧的发束梳一下，使发束表面均匀整齐。　　　　　　　　在两侧头发重叠的边界线上，用波浪夹固定。

造型37

莫西干发卷的宴会风格造型

正面　　　　　　　　侧面　　　　　　　　背面

1

2

将后脑区的头发逆向梳理，在发根处固定假发卷。

3

发束定位侧视图。

将后脑区的头发向上提拉，边上升边旋拧并用发夹进行固定。

4

5

残留的发梢部分卷成筒状卷。

为了使发卷收缩，用波浪夹固定。

6

7

将前面的头发分成一大一小2个发束。

用尖尾梳梳理大的发束。

用卷发器将刘海内卷，一直卷至发梢。

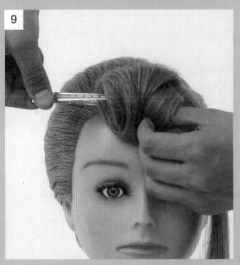

发卷用一字夹预固定。

左边侧发区的发束，也用卷发器卷成卷。

11

将预固定的发卷取下。

12

向左侧拉伸，用手指将卷打散。

13

继续用手指将发卷大面积打散。

14

插入抻直的U形夹来支撑发卷，一边按照想要的感觉
整理，一边用U形夹固定。